目　次

前　言

本标准与 DL/T 680—1999《耐磨管道技术条件》相比，主要技术内容修订如下：

——将原标准的名称"耐磨管道技术条件"更名为"电力行业耐磨管道技术条件"；

——修改了部分牌号的化学成分；

——修改了抗磨白口铸铁牌号的表示方法；

——修改调整了部分牌号的性能技术参数；

——调整了部分圆形耐磨管道的公称通径范围；

——调整了部分耐磨管道牌号的表示方法；

——删除了原标准抗磨白口铸铁单金属管道（KmTBCr2G）和抗磨白口铸铁双金属复合耐磨管道（KmTBCr2–G）；

——增加了部分相关耐磨管道术语；

——增加了抗磨白口铸铁金属耐磨管道（BTMCr8G、BTMCr12G、BTMCr30G）和抗磨白口铸铁双金属复合耐磨管道（BTMCr8–G、BTMCr12–G、BTMCr30–G）；

——增加了内壁（管）硬化合金钢复合耐磨管道（NY45CrMnSi–G、NY55CrMnSi–G、NY65CrMnSi–G）；

——增加了堆焊复合耐磨管道（DNM–Ⅳ–G、DNM–Ⅴ–G）；

——增加了套装法和铸造法陶瓷复合耐磨管道（TCT–G；TCZ–G）；

——增加了氧化物结合和重结晶碳化硅复合耐磨管道（YSiC–G；RSiC–G）。

本标准由中国电力企业联合会提出。

本标准由电力行业电站金属材料标准化技术委员会归口。

本标准负责起草单位：华北电力大学、中国华电集团公司华电电力科学研究院、葫芦岛市华能工业陶瓷有限公司。

本标准参加起草单位：南通高欣耐磨科技股份有限公司、江苏华耐衬里材料有限公司、蓬莱水城铸石管道阀门有限公司、重庆愚吉机械制造有限公司、河北久通耐磨防腐管道有限公司、鞍山泰源实业有限公司、重庆罗曼耐磨新材料股份有限公司、郑州华泰节能陶瓷有限公司、徐州市中材天元重型机械有限公司、天津市福意德电力机械设备有限公司、内蒙古科韵环保材料股份公司、天津特电金属制品有限公司、河北京良电力设备有限公司、北京嘉克新兴科技有限公司、沧州渤洋管道设备制造有限公司、华能国际电力股份有限公司上安电厂、西安热工研究院有限公司、国家电力工业耐磨材料实验研究中心、杭州华电半山发电有限公司、国家电力工业金属耐磨损件质量监督检验测试中心、大唐黑龙江发电有限公司哈尔滨第一热电厂。

本标准主要起草人：温新林、唐贵基、郭延军、贾建民、陈海渊、孙跃良、王秀梅、钱兵、王国智、张敏慧、许辉、牟元全、王振海、刘金良、孙煜、赵卫东、张雪峰、刘庆伏、刘茂松、冯万春、孔庆甫、王平鸽、邢振国、纪国胜、郑玉鹏、朱正芳、安利强、丁海民、刘振英、王秀江。

本标准自实施之日起代替 DL/T 680—1999《耐磨管道技术条件》。

本标准由华北电力大学、国家电力工业耐磨材料实验研究中心负责解释。

原标准 DL/T 680—1999 首次发布时间为 1999 年 8 月 2 日，本次为第一次修订。

本标准在执行过程中的意见或建议反馈至中国电力企业联合会标准化管理中心（北京市白广路二条一号，邮政编码：100761）。

引　言

　　本标准是根据《国家能源局关于下达 2010 年第一批能源领域行业标准制（修）订计划的通知》（国能科技〔2010〕320 号）的要求安排修订的。

　　我国能源领域电力行业每年输送煤粉、煤灰（渣）、石灰石粉和石膏浆液等物料的耐磨管道消耗量相当大，为了保证电厂安全稳定运行、提高效率、节能减排、节材降耗，推广近年来研究开发应用的电力行业新型耐磨管道，特修订本标准，作为电力行业供货厂商的制造标准和电厂、电力设计及其他有关单位选材、应用和验收的依据。

电力行业耐磨管道技术条件

1 范围

本标准规定了电力行业耐磨管道的分类、牌号、技术要求、试验方法、检验规则及标识、包装、贮存和运输。

本标准适用于电力行业输送煤粉、煤灰（渣）、石灰石粉和石膏浆液等物料用的耐磨管道；其他有耐磨要求的管道可参考选用。

2 规范性引用文件

下列文件对于本标准的应用是必不可少的。凡是注日期的引用文件，仅注日期的版本适用于本标准。凡是不注日期的引用文件，其最新版本（包括所有的修改单）适用于本标准。

GB/T 223.4　钢铁及合金　锰含量的测定　电位滴定或可视滴定法

GB/T 223.5　钢铁　酸溶硅和全硅含量的测定　还原型硅钼酸盐分光光度法

GB/T 223.11　钢铁及合金　铬含量的测定　可视滴定或电位滴定法

GB/T 223.18　钢铁及合金化学分析方法　硫代硫酸钠分离-碘量法测定铜量

GB/T 223.23　钢铁及合金　镍含量的测定　丁二酮肟分光光度法

GB/T 223.26　钢铁及合金　钼含量的测定　硫氰酸盐分光光度法

GB/T 223.59　钢铁及合金　磷含量的测定　铋磷钼蓝分光光度法和锑磷钼蓝分光光度法

GB/T 223.60　钢铁及合金化学分析方法　高氯酸脱水重量法测定硅含量

GB/T 223.67　钢铁及合金　硫含量的测定　次甲基蓝分光光度法

GB/T 223.69　钢铁及合金　碳含量的测定　管式炉内燃烧后气体容量法

GB/T 223.71　钢铁及合金化学分析方法　管式炉内燃烧后重量法测定碳含量

GB/T 223.72　钢铁及合金　硫含量的测定　重量法

GB/T 229　金属材料　夏比摆锤冲击试验方法（ISO 148-1：2006，MOD）

GB/T 230.1　金属材料　洛氏硬度试验　第1部分：试验方法（A、B、C、D、E、F、G、H、K、N、T标尺）（ISO 6508-1：2005，MOD）

GB/T 241　金属管　液压试验方法

GB/T 528　硫化橡胶或热塑性橡胶　拉伸应力应变性能的测定（ISO 37：2005，IDT）

GB/T 531.1　硫化橡胶或热塑性橡胶压入硬度试验方法　第1部分：邵氏硬度计法（邵尔硬度）（ISO 7619-1：2004，IDT）

GB/T 1689　硫化橡胶耐磨性能的测定

GB/T 2997　致密定形耐火制品　体积密度、显气孔率和真气孔率试验方法（eqv ISO 5017：1998）

GB/T 3001　耐火材料　常温抗折强度试验方法（ISO 5014：1997，MOD）

GB/T 3045　普通磨料　碳化硅化学分析方法（ISO 9286：1997，NEQ）

GB/T 3091　低压流体输送用焊接钢管（ISO 559：1991，NEQ）

GB/T 3512　硫化橡胶或热塑性橡胶　热空气加速老化和耐热试验（ISO 188：2011，IDT）

GB/T 4336　碳素钢和中低合金钢火花源原子发射光谱分析方法

GB/T 5611　铸造术语

GB/T 6414　铸件　尺寸公差与机械加工余量（eqv ISO 8062：1994）

GB/T 6569　精细陶瓷弯曲强度试验方法（ISO 14704：2000，MOD）

GB/T 8162　结构用无缝钢管（EN 10297-1：2003，NEQ）

GB/T 8163　输送流体用无缝钢管（EN 10216-1：2004，NEQ）

GB/T 8259　卡箍式柔性管接头　技术条件

GB/T 8260　卡箍式柔性管接头　型式与尺寸

GB/T 9114　带颈螺纹钢制管法兰（ASME B16.5：2009、EN 1092-1：2007，MOD）

GB/T 9119　板式平焊钢制管法兰（ASME B16.5：2009、EN 1092-1：2007，MOD）

GB/T 9121　平焊环板式松套钢制管法兰（ASME B16.5：2009、EN 1092-1：2007，MOD）

GB/T 9123　钢制管法兰盖（ASME B16.5：2009、EN 1092-1：2007，MOD）

GB/T 12459　钢制对焊无缝管件（ASTM B16.9：2001，MOD）

GB/T 14203　钢铁及合金光电发射光谱分析法通则

GB/T 16534　精细陶瓷室温硬度试验方法（ISO 14705：2008，MOD）

GB/T 17394.1　金属材料　里氏硬度试验　第1部分：试验方法

GB/T 17394.4　金属材料　里氏硬度试验　第4部分：硬度值换算表

GB/T 18301　耐火材料　常温耐磨性试验方法（ISO 16282：2007，MOD）

GB/T 20066　钢和铁　化学成分测定用试样的取样和制样方法（ISO 14284：1996，IDT）

GB/T 26651　耐磨钢铸件

GB/T 27979　氧化铝耐磨陶瓷复合衬板

GB 50474　隔热耐磨衬里技术规范

DL/T 681　燃煤电厂磨煤机耐磨件技术条件

DL/T 695　电站钢制对焊管件

DL/T 902　耐磨耐火材料技术条件与检验方法

SY/T 5037　普通流体输送管道用埋弧焊钢管

JB/T 9378　里氏硬度计

YB/T 5201　致密耐火浇注料常温抗折强度和耐压强度试验方法

JC/T 260　铸石制品性能试验方法　耐磨性试验

JC/T 263　铸石制品性能试验方法　弯曲强度试验

JC/T 848.1　耐磨氧化铝球

EN 101　陶瓷砖　表面划痕莫氏硬度的测定

EN 14700　硬面耐磨层堆焊材料

3　术语和定义

GB/T 5611界定的以及下列术语和定义适用于本标准。

3.1

磨损　wear

物体间由于发生相对运动而产生的物体表面材料损失的现象。

3.2

冲蚀磨损　erosive wear

由含有或不含有固体粒子的流动介质冲击（刷）材料表面而造成的磨损。

3.3

磨料磨损　abrasive wear

物体表面与固体颗粒、硬质突出物或硬金属相互摩擦引起表面材料损失的现象。

3.4

耐磨材料　wear-resistant materials

可以抵抗磨损而延长产品使用寿命的材料。

3.5

耐磨管道　wear-resistant pipes

用耐磨材料制造的管道。

3.6

复合耐磨管道　composite wear-resistant pipes

由基体材料管道与耐磨材料或耐磨管道通过复合工艺组合而成且具备耐磨特性的管道。

4　耐磨管道分类

4.1　品种

4.1.1　耐磨管道的品种、牌号和圆形耐磨管道的公称通径范围见表1，使用特性参见附录A。

表1　耐磨管道的品种、牌号和圆形耐磨管道的公称通径范围

品　　　种		牌　　号	公称通径范围 mm
金属耐磨管道	中碳低合金铸钢耐磨管道	ZG40CrNiMoG	DN100～DN1000
		ZG45Cr2MoG	DN100～DN1000
	中碳中合金铸钢耐磨管道	ZG40Cr5MoG	DN100～DN1000
		ZG42Cr2Si2MnMoG	DN100～DN1000
	内壁硬化合金钢耐磨管道	NY45CrMnSiG	DN100～DN1000
		NY55CrMnSiG	DN100～DN1000
		NY65CrMnSiG	DN100～DN1000
	抗磨白口铸铁耐磨管道	BTMCr30G	DN100～DN1000
		BTMCr26G	DN100～DN1000
		BTMCr20G	DN100～DN1000
		BTMCr15G	DN100～DN1000
		BTMCr12G	DN100～DN1000
		BTMCr8G	DN100～DN1000
复合耐磨管道	双金属复合耐磨管道	NY45CrMnSi–G	DN100～DN1000
		NY55CrMnSi–G	DN100～DN1000
		NY65CrMnSi–G	DN100～DN1000
		BTMCr30–G	DN50～DN1000
		BTMCr26–G	DN50～DN1000
		BTMCr20–G	DN50～DN1000
		BTMCr15–G	DN50～DN1000
		BTMCr12–G	DN50～DN1000
		BTMCr8–G	DN50～DN1000
	堆焊复合耐磨管道	DNM–Ⅳ–G	DN≥100
		DNM–Ⅴ–G	DN≥100

表1（续）

品　种			牌　号	公称通径范围 mm
复合耐磨管道	陶瓷复合耐磨管道	铝热法制造	TCR-G	DN30～DN1200
		衬片法制造	TCC-G	DN≥200
		套装法制造	TCT-G	DN50～DN700
		铸造法制造	TCZ-G	DN≥30
	橡胶复合耐磨管道		XJ-G	DN50～DN1200
	高温耐磨衬里复合耐磨管道		WM-G	DN≥40
	铸石复合耐磨管道		ZS-G	DN≥40
	碳化硅复合耐磨管道	氧化物结合	YSiC-G	DN≥30
		重结晶	RSiC-G	DN20～DN750

4.1.2 耐磨管道牌号表示方法：

a) 金属耐磨管道

b) 复合耐磨管道

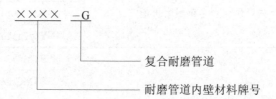

4.2 形状与规格

4.2.1 耐磨管道按形状分为直管、弯管（头）、三通、四通、五通、异径管、方圆节和异形管道。

4.2.2 圆形耐磨管道公称通径范围见表1。如有特殊要求，可由供需双方商定。

5 技术要求

5.1 制造方法

耐磨管道可采用适宜的熔炼、铸造、热挤压、冷拔、热处理、焊接、内表面材料改性、复合制造、堆焊熔覆等方法制造，也可按供需双方商定的其他方法制造。

5.2 表面质量

耐磨管道内表面应平整、光滑、密实，无毛刺、毛边、粘砂、凹凸和夹渣，无裂纹（TCR-G、ZS-G、WM-G、DNM-Ⅳ-G、DNM-Ⅴ-G 和 YSiC-G 复合耐磨管道内壁允许有不影响使用的，因加工工艺形成的可见细微裂纹、焊波及皱褶），疏松、冷隔、气孔、鼓胀、流淌和剥落等缺陷。

耐磨管道外表面应平整、光洁，防腐涂层均匀、牢固，无气泡或漆块堆积。

5.3 尺寸偏差

耐磨管道的尺寸偏差应符合产品图纸和订货合同的要求。无特殊要求的金属耐磨管道尺寸偏差应符合 GB/T 6414 CT11 级的规定，复合耐磨管道的钢管尺寸偏差应符合 GB/T 3091、GB/T 8162 和 GB/T 8163

的规定，卡箍式柔性管接头尺寸偏差应符合 GB/T 8260 的规定。

5.4 耐压能力

有承压要求的耐磨管道在进行液压试验时，试验压力不应小于 1.25 倍工作压力，试验稳压时间最少保持 15min；其他要求应符合 GB/T 241 的规定。

5.5 金属耐磨管道的其他要求

5.5.1 金属耐磨管道化学成分：

金属耐磨管道的化学成分应符合表 2 的要求。

表 2　金属耐磨管道的化学成分

牌号	化学成分（质量分数）%								
	C	Mn	Si	S	P	Cr	Ni	Mo	Cu
ZG40CrNiMoG	0.35~0.45	0.40~1.00	0.40~0.80	≤0.035	≤0.035	0.50~2.00	0.30~2.00	0.20~0.80	—
ZG45Cr2MoG	0.40~0.48	0.40~1.00	0.80~1.20	≤0.035	≤0.035	1.70~2.00	≤0.50	0.80~1.20	—
ZG40Cr5MoG	0.35~0.45	0.50~1.20	0.40~1.00	≤0.035	≤0.035	4.00~6.00	≤0.50	0.20~0.80	—
ZG42Cr2Si2MnMoG	0.38~0.48	0.80~1.20	1.50~1.80	≤0.035	≤0.035	1.80~2.20	—	0.20~0.60	—
NY45CrMnSiG	0.40~0.50	1.40~2.00	0.20~1.00	≤0.030	≤0.030	≤1.00	≤0.30	≤0.30	≤0.30
NY55CrMnSiG	0.50~0.60	0.50~1.20	0.20~1.00	≤0.030	≤0.030	≤1.00	≤0.30	≤0.30	≤0.30
NY65CrMnSiG	0.60~0.70	0.90~1.20	0.20~1.00	≤0.030	≤0.030	≤1.00	≤0.30	≤0.30	≤0.30
BTMCr30G	1.80~2.20	≤3.00	≤1.20	≤0.06	≤0.06	28.00~32.00	≤1.50	≤1.50	≤2.0
BTMCr26G	2.10~3.30	≤2.00	≤1.20	≤0.06	≤0.06	23.00~30.00	≤1.50	≤1.50	≤1.20
BTMCr20G	2.10~3.30	≤2.00	≤1.20	≤0.06	≤0.06	18.00~23.00	≤2.50	≤1.50	≤1.20
BTMCr15G	2.10~3.60	≤2.00	≤1.20	≤0.06	≤0.06	14.00~18.00	≤2.50	≤1.50	≤1.20
BTMCr12G	2.10~3.60	≤2.00	≤1.50	≤0.06	≤0.06	11.00~14.00	≤2.50	≤1.50	≤1.20
BTMCr8G	2.10~3.60	≤2.00	1.50~2.20	≤0.06	≤0.06	7.00~10.00	≤1.00	≤1.50	≤1.20

注 1：ZG 为铸钢的代号，NY 为内壁（管）硬化合金钢耐磨管道的代号，BTM 为抗磨白口铸铁的代号。

注 2：根据使用磨损工况条件和用户要求，可适当加入 V、Ti、W、B、Nb 和 Re 等元素。

5.5.2 金属耐磨管道力学性能：

金属耐磨管道的力学性能应符合表 3 的要求。

表 3　金属耐磨管道的力学性能

牌号	冲击吸收能量 K_{N2} J	表面硬度 HRC	牌号	冲击吸收能量 K_{N2} J	表面硬度 HRC
ZG40CrNiMoG	≥25	≥50	BTMCr30G	—	≥52
ZG42Cr2Si2MnMoG	≥25	≥50	BTMCr26G	—	≥58

表3（续）

牌　号	冲击吸收能量 K_{N2} J	表面硬度 HRC	牌　号	冲击吸收能量 K_{N2} J	表面硬度 HRC
ZG45Cr2MoG	≥25	≥50	BTMCr20G	—	≥58
ZG40Cr5MoG	≥25	≥44	BTMCr15G	—	≥58
NY45CrMnSiG	—	≥50	BTMCr12G	—	≥58
NY55CrMnSiG	—	≥53	BTMCr8G	—	≥56
NY65CrMnSiG	—	≥56	—	—	—

注：K 代表冲击吸收能量，下标 N 代表冲击试样无缺口，下标数字 2 表示摆锤刀刃半径（单位：mm）。

5.6　金相组织

一般情况下，金相组织不作为产品的验收依据。如果需方对金相组织有特殊要求，则由供需双方协商决定。

5.7　复合耐磨管道的其他要求

5.7.1　基体钢管材料、管件和连接件应符合以下要求：

　　a)　复合耐磨管道所用基体钢管材料，根据工作压力的大小，应选用适合工况环境要求且保证安全运行的焊接钢管或无缝钢管，其性能应符合 GB/T 3091、GB/T 8162、GB/T 8163 或 SY/T 5037 的要求。

　　b)　管件质量应符合 GB/T 12459 或 DL/T 695 的要求。

　　c)　法兰质量应符合 GB/T 9114、GB/T 9119 或 GB/T 9121 的要求，法兰盖质量应符合 GB/T 9123 的要求，卡箍式柔性管接头质量应符合 GB/T 8259 的要求。

　　d)　钢管、管件和连接件应有制造厂的质量合格证明书；对质量有疑问时应进行复检，复检合格后方可使用。

5.7.2　耐磨内衬层厚度：

耐磨内衬层厚度由供需双方协商，按合同要求执行。

5.7.3　耐磨内衬层厚度偏差：

复合耐磨管道内衬层厚度偏差应符合表4的要求。

表4　复合耐磨管道内衬层厚度偏差

牌　号	内衬层厚度偏差 mm	牌　号	内衬层厚度偏差 mm
NY–G	±1.2	TCZ–G	±1.0
BTM–G	±1.2	XJ–G	±0.3
DNM–G	±1.5	WM–G	±2.0
TCR–G	±1.0	ZS–G	±3.0
TCC–G	±0.3	YSiC–G	±2.0
TCT–G	±1.0	RSiC–G	±0.5

5.7.4　抗磨白口铸铁复合管道内壁耐磨层的化学成分和硬度：

　　a)　化学成分：抗磨白口铸铁复合管道内壁耐磨层的化学成分应符合表2的要求。

b) 硬度：抗磨白口铸铁复合管道内壁耐磨层的硬度应符合表3的要求。

5.7.5 复合耐磨管道内壁堆焊层的化学成分与硬度：

复合耐磨管道内壁堆焊层的化学成分与硬度应符合表5的要求。

表5 复合耐磨管道内壁堆焊层的化学成分与硬度

| 牌号 | 化学成分（质量分数）% | | | | | | | | | 表面硬度 HRC |
	C	Cr	Ni	Mn	Mo	W	V	Nb	B	
DNM-Ⅳ-G	4.50~5.50	20.00~40.00	≤4.00	0.50~3.00	≤2.00	—	—	≤10.00	适量	≥55
DNM-Ⅴ-G	4.00~7.50	10.0~40.00	—	≤3.00	≤9.00	≤8.00	≤10.00	≤10.00	B，Co 适量	≥60

注1：D 表示堆焊，NM 表示耐磨合金，Ⅳ、Ⅴ型表示不同合金系耐磨材料。

注2：DNM-Ⅳ、DNM-Ⅴ牌号分别等同于欧洲标准 EN 14700 中的 Fe15、Fe16 牌号。

注3：Ⅰ、Ⅱ、Ⅲ、Ⅵ、Ⅶ型合金系耐磨材料见 DL/T 681。

5.7.6 陶瓷复合耐磨管道的性能要求：

a) 铝热法制造的陶瓷复合耐磨管道内壁陶瓷层性能应符合表6的要求。

表6 铝热法制造的陶瓷复合耐磨管道内壁陶瓷层性能

体积密度 kg/m³	维氏硬度 HV
≥3800	≥1100

注：铝热法制造的陶瓷复合耐磨管道内壁陶瓷层厚度不宜小于4.0mm，也可由供需双方协商决定。

b) 衬片法、套装法制造的陶瓷复合耐磨管道内壁陶瓷层性能应符合表7的要求。

表7 衬片法、套装法制造的陶瓷复合耐磨管道内壁陶瓷层性能

体积密度 kg/m³	洛氏硬度 HRA	耐磨性 cm³
≥3600	≥82	≤5

注1：衬片法制造的复合耐磨管道内衬陶瓷片的厚度不宜小于8.0mm，也可由供需双方协商决定。

注2：套装法制造的复合耐磨管道内衬陶瓷管壁厚度不宜小于12.0mm，也可由供需双方协商决定。

注3：复合耐磨管道内衬单颗陶瓷片（块）的外形、结构、尺寸及固定方式由供需双方协商决定。

c) 衬片法制造陶瓷片（块）的固定方式及其要求：衬片法制造陶瓷片（块）的固定方式可按拱形自锁、铆焊钢碗、燕尾槽嵌入和胶黏剂直粘法等结构形式，在介质流动方向不应有纵向连续接缝；拱形自锁结构管道内衬陶瓷块与基材钢管内壁之间要有高温黏结胶泥料填充，最后一块陶瓷应镶嵌自锁。

d) 铸造法制造的内管陶瓷性能应符合表8的要求。

表8 铸造法制造的内管陶瓷性能

体积密度 kg/m³	莫氏硬度	耐磨性 cm³
≥3000	≥9	≤6

注：铸造陶瓷复合耐磨管道壁厚不宜小于8.0mm，也可由供需双方协商决定。

5.7.7 橡胶复合耐磨管道的性能要求：

橡胶复合耐磨管道衬里材料的性能应符合表 9 的要求。

表 9　橡胶复合耐磨管道衬里材料的性能

拉伸强度 MPa	扯断伸长率 %	300%定伸强度 MPa	硬度 （邵尔 A）	磨耗量 cm³/1.6km	热空气老化 70℃×72h
≥14.70	≥400.0	≥8.0	60～70	≤0.20	≥0.9

5.7.8 高温耐磨衬里复合管道的性能要求：

高温耐磨衬里材料的性能应符合表 10 的要求，龟甲网技术及其他应符合 GB 50474 的规定。

表 10　高温耐磨衬里材料的性能

体积密度 kg/m³	抗折强度 MPa	耐压强度 MPa	耐磨性 cm³
≥2700	815℃烧后≥11.5	815℃烧后≥85.0	≤6

5.7.9 铸石复合耐磨管道的性能要求：

铸石衬里材料的性能应符合表 11 的要求。

表 11　铸石衬里材料的性能

体积密度 kg/m³	磨耗量 g/cm²	弯曲强度 MPa	莫氏硬度
≥2900	≤0.08	≥58.8	≥7

5.7.10 碳化硅复合耐磨管道的性能要求：

a）氧化物结合碳化硅衬里材料的性能应符合表 12 的要求。

表 12　氧化物结合碳化硅衬里材料的性能

SiC %	体积密度 kg/m³	耐磨性 cm³	抗折强度 MPa （110℃±15℃×24h）	莫氏硬度
≥80	≥2600	≤5	≥12	≥9

b）重结晶碳化硅衬里材料的性能应符合表 13 的要求。

表 13　重结晶碳化硅衬里材料的性能

SiC %	体积密度 kg/m³	耐磨性 cm³	弯曲强度 MPa	莫氏硬度
≥99	≥2650	≤2	≥75	≥9

5.8　特殊要求

用户如有结构、连接方式等特殊要求，供需双方可另行协商决定。

6　试验方法

6.1　内外表面质量

耐磨管道内外表面质量用目测和相应的量具进行检测。

6.2 几何尺寸

几何尺寸用卡尺、钢卷尺、样板、测厚仪等相应的量具进行测量。

6.3 耐压能力

耐压能力试验按本标准 5.4 规定的方法进行。

6.4 金属化学成分分析

金属化学成分的分析试验按 GB/T 223.4、GB/T 223.5、GB/T 223.11、GB/T 223.18、GB/T 223.23、GB/T 223.26、GB/T 223.59、GB/T 223.60、GB/T 223.67、GB/T 223.69、GB/T 223.71 和 GB/T 223.72、GB/T 4336、GB/T 14203 和 GB/T 20066 规定的方法进行。

6.5 金属力学性能

6.5.1 金属的洛氏硬度试验按 GB/T 230.1 规定的方法进行；产品硬度检测可以用里氏硬度计，按 GB/T 17394.1 和 GB/T 17394.4 或 JB/T 9378 规定的方法进行。

6.5.2 金属的冲击试验按 GB/T 229 规定的方法进行。

6.6 陶瓷衬里材料的性能

6.6.1 体积密度试验按 GB/T 2997 规定的方法进行。

6.6.2 维氏硬度试验按 GB/T 16534 规定的方法进行；洛氏硬度试验按 GB/T 27979 规定的方法进行；莫氏硬度试验按 EN 101 规定的方法进行。

6.6.3 耐磨性试验按 DL/T 902 规定的方法进行。

6.6.4 单颗陶瓷衬片（块）的性能试验按 GB/T 27979 或 JC/T 848.1 规定的方法进行。

6.7 橡胶衬里材料的性能

6.7.1 拉伸强度、扯断伸长率试验按 GB/T 528 规定的方法进行。

6.7.2 邵氏硬度试验按 GB/T 531.1 规定的方法进行。

6.7.3 耐磨性试验按 GB/T 1689 规定的方法进行。

6.7.4 热空气老化性能试验按 GB/T 3512 规定的方法进行。

6.8 高温耐磨衬里材料的性能

6.8.1 体积密度试验按 GB/T 2997 规定的方法进行。

6.8.2 抗折强度和耐压强度试验按 YB/T 5201 规定的方法进行。

6.8.3 耐磨性试验按 GB/T 18301 规定的方法进行。

6.9 铸石衬里材料的性能

6.9.1 体积密度试验按 GB/T 2997 规定的方法进行。

6.9.2 耐磨性试验按 JC/T 260 规定的方法进行。

6.9.3 弯曲强度试验按 JC/T 263 规定的方法进行。

6.9.4 莫氏硬度试验按 EN 101 规定的方法进行。

6.10 碳化硅衬里材料的性能

6.10.1 化学成分试验按 GB/T 3045 规定的方法进行。

6.10.2 体积密度试验按 GB/T 2997 规定的方法进行。

6.10.3 抗折强度试验按 GB/T 3001 规定的方法进行。

6.10.4 弯曲强度试验按 GB/T 6569 规定的方法进行。

6.10.5 耐磨性试验按 GB/T 18301 规定的方法进行。

6.10.6 莫氏硬度试验按 EN 101 规定的方法进行。

7 检验规则

7.1 出厂检验

7.1.1 金属耐磨管道和双金属抗磨白口铸铁复合耐磨管道的内外表面质量、尺寸偏差、化学成分和内管壁硬度。

7.1.2 内壁硬化合金钢耐磨管道和双金属内管硬化合金钢复合耐磨管道的内外表面质量、尺寸偏差、化学成分和内管壁硬度。

7.1.3 堆焊复合耐磨管道的内外表面质量、尺寸偏差、化学成分和内管壁硬度。

7.1.4 陶瓷复合耐磨管道的内外表面质量、尺寸偏差和内衬陶瓷的硬度。

7.1.5 橡胶复合耐磨管道的内外表面质量、尺寸偏差和内衬橡胶的硬度。

7.1.6 高温耐磨衬里复合管道的内外表面质量、尺寸偏差和衬里材料的体积密度。

7.1.7 铸石复合耐磨管道的内外表面质量、尺寸偏差和内衬铸石的硬度。

7.1.8 碳化硅复合耐磨管道的内外表面质量、尺寸偏差和内衬碳化硅的硬度。

7.1.9 耐磨管道应经生产厂质量检验部门检验合格后，签发合格证和质量证明书，方可出厂。

7.2 验收检验

在验收耐磨管道时，用户应根据本标准的有关规定，对耐磨管道产品质量逐项进行验收检验。

7.3 型式检验

7.3.1 型式检验项目为本标准全部项目。

具有下列情况之一时，应进行型式检验：

a) 新产品试制时；

b) 产品设计、生产工艺或原料有重大变化时；

c) 停产一年以上，恢复生产时；

d) 出厂检验结果与上次型式检验结果有较大差异时；

e) 国家质量技术监督检验机构要求进行型式检验时。

7.3.2 型式检验的样品应在经出厂检验合格的成品库的产品中随机抽取，抽样数不宜少于3件；如某一项检验结果不合格，允许从同一批产品中加倍抽样复查，如仍不合格，则判该项检验项目不合格。

8 标识、包装、贮存和运输

8.1 标识和合格证

8.1.1 每件耐磨管道上均应标明：

a) 制造厂名或商标；

b) 产品名称、编号；

c) 产品规格；

d) 介质流向；

e) 生产日期；

f) 防摔提示标记。

8.1.2 每批耐磨管道出厂均应附有产品使用说明书及产品合格证（质量证明书），产品合格证的内容为：

a) 产品名称；

b) 产品规格、数量；

c) 产品采用本标准的编号、名称；

d) 耐磨管道牌号；

e) 销售合同编号；

f) 产品质量检验结果及检验员、检验部门印记；

g) 生产厂商名称、地址。

8.2 包装、贮存和运输

8.2.1 耐磨管道外表面应进行防腐处理。

8.2.2 耐磨管道宜用草席、草绳、草袋、木箱、托盘、框架、钢箍或弹性材料等妥善捆扎和包装。

8.2.3 耐磨管道贮存场地宜平整、干燥、通风，管道宜摆放整齐，防止产品锈蚀、磕碰、变形和损坏；管道两头必要时宜进行密封处理。

8.2.4 耐磨管道在装卸、起吊、运输、安装和检修过程中应轻起轻落，不得剧烈碰撞、抛摔、跌落、敲砸。

附　录　A

（资料性附录）

耐磨管道的使用特性

耐磨管道的使用特性见表 A.1。

表 A.1　耐磨管道的使用特性

牌　号	使 用 特 性
ZG40CrNiMoG	耐磨性好，强度高，可焊接，适用于煤粉和灰渣输送管道
ZG45Cr2MoG	耐磨性好，强度高，可焊接，适用于煤粉和灰渣输送管道
ZG40Cr5MoG	耐磨性好，强度高，可焊接，适用于煤粉和灰渣输送管道
ZG42Cr2Si2MnMoG	耐磨性好，强度高，可焊接，适用于煤粉和灰渣输送管道
NY45CrMnSiG	耐磨性好，强度高，可焊接，适用于煤粉、灰渣和浆体等物料输送管道
NY55CrMnSiG	耐磨性好，强度高，可焊接，适用于煤粉、灰渣和浆体等物料输送管道
NY65CrMnSiG	耐磨性好，强度高，可焊接，适用于煤粉、灰渣和浆体等物料输送管道
BTMCr30G	耐腐蚀、耐磨性好，强度低，不可焊接，适用于石灰石粉、石膏和灰渣浆液输送管道
BTMCr26G	耐磨性很好，强度低，不可焊接，适用于煤粉管道和灰渣输送管道
BTMCr20G	耐磨性很好，强度低，不可焊接，适用于煤粉管道和灰渣输送管道
BTMCr15G	耐磨性很好，强度低，不可焊接，适用于煤粉管道和灰渣输送管道
BTMCr12G	耐磨性好，强度低，不可焊接，适用于煤粉管道和灰渣输送管道
BTMCr8G	耐磨性好，强度低，不可焊接，适用于煤粉管道和灰渣输送管道
NY45CrMnSi–G	耐磨性好，强度高，可焊接，适用于煤粉、灰渣和浆体等物料输送管道
NY55CrMnSi–G	耐磨性好，强度高，可焊接，适用于煤粉、灰渣和浆体等物料输送管道
NY65CrMnSi–G	耐磨性好，强度高，可焊接，适用于煤粉、灰渣和浆体等物料输送管道
BTMCr30–G	耐腐蚀、耐磨性好，强度高，可焊接，适用于石灰石粉、石膏和灰渣浆液输送管道
BTMCr26–G	耐磨性很好，强度高，可焊接，适用于煤粉和灰渣输送管道
BTMCr20–G	耐磨性很好，强度高，可焊接，适用于煤粉和灰渣输送管道
BTMCr15–G	耐磨性很好，强度高，可焊接，适用于煤粉和灰渣输送管道
BTMCr12–G	耐磨性好，强度高，可焊接，适用于煤粉和灰渣输送管道
BTMCr8–G	耐磨性好，强度高，可焊接，适用于煤粉和灰渣输送管道
DNM–Ⅳ–G	耐磨性很好，可焊接，适用于灰渣和煤粉输送管道
DNM–Ⅴ–G	耐磨性很好，可焊接，适用于灰渣和煤粉输送管道
TCR–G	耐磨性很好，强度高，可焊接，适用于煤粉和灰渣输送管道
TCC–G	耐磨性很好，强度高，可焊接，适用于工作温度低于150℃的煤粉和灰渣输送管道
TCT–G	耐磨性优良，耐冲刷磨损性能好，强度高，可焊接，适用于煤粉和灰渣输送管道
TCZ–G	耐磨损、耐腐蚀性能好，强度高，可焊接，适用于煤粉、灰渣和含腐蚀性浆体物料输送管道
XJ–G	耐冲蚀磨损性能好，强度高，不可焊接，适用于工作温度为–40℃～100℃的灰渣输送管道

表 A.1（续）

牌　号	使　用　特　性
WM–G	耐磨性很好，强度高，耐高温，可焊接，适用于工作温度低于 850℃的干粉物料输送管道
ZS–G	耐磨性很好，强度高，可焊接，适用于煤粉、灰渣和含腐蚀性介质输送管道
YSiC–G	耐磨性优良，耐高温，抗腐蚀，可焊接，适用于灰渣和煤粉输送管道
RSiC–G	耐磨性优良，耐高温，抗腐蚀，可焊接，适用于灰渣和煤粉弯管及含腐蚀性介质输送管道

中 华 人 民 共 和 国
电 力 行 业 标 准
电力行业耐磨管道技术条件
DL/T 680 — 2015
代替 DL/T 680 — 1999

*

中国电力出版社出版、发行
（北京市东城区北京站西街 19 号 100005 http://www.cepp.sgcc.com.cn）
北京九天众诚印刷有限公司印刷

*

2015 年 10 月第一版 2015 年 10 月北京第一次印刷
880 毫米×1230 毫米 16 开本 1.25 印张 29 千字
印数 0001—3000 册

*

统一书号 155123 · 2682 定价 **11.00** 元

敬 告 读 者

中国电力出版社官方微信

掌上电力书屋

155123.2682